Fabian Wahler

Nanotechnologie in der Medizin

GRIN Verlag

Bibliografische Information der Deutschen Nationalbibliothek:

Die Deutsche Bibliothek verzeichnet diese Publikation in der Deutschen National-
bibliografie; detaillierte bibliografische Daten sind im Internet über http://dnb.d-
nb.de/ abrufbar.

Impressum:

Copyright © 2012 GRIN Verlag GmbH
Druck und Bindung: Books on Demand GmbH, Norderstedt Germany
ISBN: 978-3-656-45605-6

Dieses Buch bei GRIN:

http://www.grin.com/de/e-book/229579/nanotechnologie-in-der-medizin

Hochschule für angewandte Wissenschaften Würzburg-Schweinfurt

Seminararbeit
Ingenieurinformatik 7. Semester

Nanotechnologie in der Medizin

Bearbeiter: Fabian Wahler

Beginn: 27.10.2012
Abgabe: 05.12.2012

Inhaltsverzeichnis

1 Einleitung

1.1 Was ist Nanotechnologie?

Der Begriff „Nanotechnologie" setzt sich aus zwei Begriffen zusammen. Zum einen aus dem Wort Technologie und zum anderen aus der griechischen Vorsilbe „nanos", was zu deutsch „Zwerg" bedeutet. Nanotechnologie befasst sich demnach mit der Herstellung, Untersuchung und Anwendung von funktionalen Strukturen, deren Abmessungen im Bereich < 100 nm liegen [1]. In diesem Größenbereich sind drastische Eigenschaftsveränderungen von verschiedensten Werkstoffen zu beobachten, die bei der Nanotechnologie für gezielte Funktionsoptimierung eingesetzt werden [2].
Auf Grund dieser speziellen Eigenschaften und den daraus resultierenden Möglichkeiten zählt die Nanotechnologie zu den Schlüsseltechnologien des 21. Jahrhunderts. Dieser Trend ist auch zu beobachten, wenn man die Bedeutung des Begriffs an seiner Präsenz im *World Wide Web*, oder an den jährlichen Fachpublikationen zu diesem Thema misst. Betrachtet man zusätzlich die bereits seit einiger Zeit bestehende forschungspolitische Diskussion und die damit einhergehende geplante Bündelung der Ressourcen auf nationaler und internationaler Ebene, so wird deutlich, welchen hohen Stellenwert die Nanotechnologie, sowohl in der Technik, als auch in der Volkswirtschaft einnimmt. Nach Ansicht vieler Experten könnte sich daraus eine technologische Umwälzung ergeben, die mit einer neuen industriellen Revolution vergleichbar wäre [3]. Diese These wird von der Prognose, dass das weltweite Marktvolumen von 200 Mrd. € im Jahr 2009 auf erwartete 2000 Mrd. € im Jahr 2015 steigen soll, untermauert [4].

Zu den Hauptanwendungsgebieten zählen folgende Bereiche aus Ref. [1]:

- Ausrüster (Werkzeuge und Zulieferbedarf)

- Materialwissenschaften und Werkstoffbereiche (z.B. Nanotubes bzw. Nanoröhrchen)

- Gesundheitssektor (Nanobiopharma, Nanomedizin und Nanobiotechnologie)

- IT/Computer-Hardware (bereits heute fließen 50 Prozent der langfristigen Forschungsgelder von IBM, HP und Dell in den Bereich der Nanotechnologie)

- Umwelt-, Lebensmittel- und Agrarsektor

- Militärwesen, Luft- und Raumfahrt

Die Übersicht zeigt, wie weitläufig dieses Thema ist, daher beschränkt sich dieser Bericht auf die Betrachtung des Gesundheitssektors und dort speziell mit dem Bereich der Nanomedizin.

1.2 Historische Entwicklung

Die Tatsache, dass die Eigenschaften von Massivmaterial drastisch von dem kleinerer Partikeln des selben Materials abweichen, ist zumindest im empirischen Sinne schon seit langem bekannt. So waren es z.B. die Römer, die mit Hilfe feinster Gold- und Silberpartikel Gläsern markante Farbeffekte gaben. Ein Beispiel hierfür ist die Abbildung 1.1, der sogenannte *Lycurgus-Pokal*. Auf Grund der sehr kleinen Silber- und Goldpartikel im Größenbereich von ca. 70 nm, schimmert das Glas, je nach Beleuchtung, in verschiedenen Farben. Dieser Effekt ist auf die sogenannte Transmission zurückzuführen. Natürlich handelt es sich bei diesem Gefäß nicht um den gezielten Einsatz von Nanotechnologie laut der allgemeinen Definition, da es sehr unwahrscheinlich ist, dass den Römern die physikalischen Zusammenhänge bekannt waren. Jedoch nutzte man trotzdem Materialeigenschaften aus, die nur bei Nanopartikeln des Edelmetalls auftreten [3].

Abbildung 1.1: Lycurgus-Cup (4. Jahrhundert, National British Museum of History) [21]

Der erste Forscher, der sich wissenschaftlich mit dem Thema Nanotechnologie auseinandersetzte, war der amerikanische Physiker und Nobelpreisträger Richard Feynman. Dieser diskutierte -im Jahre 1959- erstmals die Konsequenzen einer grenzenlosen Miniaturisierung und gab dadurch entscheidende Denkanstöße für spätere Forscher, die dieses Thema aufgriffen. Im Gegensatz zu Feynman war es 1974 der Japaner Norio Taniguchi, der den Begriff der Nanotechnologie erstmals einführte. Dieser wurde allerdings zunächst von der Expertengemeinde noch nicht zur Kenntnis genommen. Norio Taniguchi befasste sich hauptsächlich mit der Rauheit von Materialoberflächen. Zwei Jahre später, 1976, befasste sich Dr. K. Eric Drexler erstmals mit künstlich zusammengesetzten Proteinen und Biomolekülen und gilt seitdem als „Nanotech-Papst". Ein weiterer experimenteller Meilenstein war die Entwicklung des *Rastertunnelmikroskops* Ende 1981. Mit diesem war es erstmals möglich einzelne Atome abzubilden und später auch gezielt zu manipulieren. Für die Entwicklung dieses, für die Nanotechnologie unverzichtbaren Gerätes, wurden die

IBM Angestellten Gerd Binnig und Heinrich Rohrer im Jahr 1986 mit dem Nobelpreis für Physik ausgezeichnet. Gerade für den Teilbereich Medizin ist noch zu nennen, dass es William deFrado und seinen Kollegen 1988 gelang, Protein zu synthetisieren. Im selben Jahr wurde erstmals ein offizieller Kurs „Nanotechnologie" an der Stanfort Universität angeboten, der Dozent war der eingangs genannte *Eric Drexler*[1, 3].

Die genannten Entwicklungen liegen den meisten heutigen Anwendungen zu Grunde, oder haben entscheidende Deckanstöße gegeben. Es würde zu weit führen von nun an alle weiteren wichtigen Meilensteine zu nennen, da viele Entwicklungen parallel abgelaufen sind und kaum noch thematisch und zeitlich voneinander abzugrenzen sind.

2 Verfahren und Werkzeuge der Nanotechnologie

Wenn man von Nanotechnologie spricht, stellt sich zu Beginn die Frage, wie es möglich ist sehr kleine Strukturen herzustellen. Dazu wird, neben vielen verschiedenen Herstellungsverfahren, auch eine geeignete Möglichkeit benötigt, Nanostrukturen abzubilden. Ein Problem hierbei ist, dass die Auflösung klassischer optischer Mikroskope durch die Wellenlänge des Lichts beschränkt ist [5].

Deshalb ist es unbedingt erforderlich, analythische Verfahren anzuwenden, die es erlauben erzielte Eigenschaften und Strukturen zu überwachen und diese mit Vorgaben zu vergleichen.

2.1 Analythische Verfahren

Ausgangspunkt für eine Vielzahl solcher Verfahren ist das schon in der Einleitung erwähnte *Rastertunnelmikroskop*, welches zur Familie der Rastersondenverfahren gehört. Ein anderer wichtiger Vertreter dieser Familie ist das *Rasterkraftmikroskop*. Abbildung 2.1 zeigt den schematischen Aufbau eines Rastersondenmikroskops, bei dem es sich um einen meist universell eingesetzten Apparat handelt. Die piezoelektrischen Aktoren stellen die zentrale Einheit dar und ermöglichen die dreidimensionale Positionierung der Sonde auf der Probenoberfläche. Man bedient sich zur genauen Positionierung des *transversalen piezoelektrischen Effektes*. Die Applikation eines elektrischen Feldes über den piezoelektrischen Aktoren führt zu einer feldinduzieren Veränderung der kristalinen Struktur, was zu einer Expansion bzw. Kontraktion des Materials in eine bestimme Richtung führt. Dies wird gezielt eingesetzt, in dem man das angelegte elektrische Feld, senkrecht zu den Achsen orientiert, in die sich die Piezoelemente ausdehnen sollen. Technisch zum Einsatz kommen hier häufig „Piezoröhrchen", bei denen sich eine Elektrode an der Außenseite und eine Gegenelektrode an der Innenseite befindet. X- bzw. Y-Bewegung entsteht durch Verbiegung der Röhrchen, die Z-Bewegung durch die Längenänderung. Zur vorherigen Grobpositionierung der Sonde kommt in den meisten Fällen ein „Piezomotor" zum Einsatz, dessen Funktionsweise zu erklären jedoch zu weit führen würde. Abschließend ist zu sagen, dass viele Rastersondenmikroskope über aktive oder passive Linearisierung verfügen, da außerhalb des Kleinsignalbereiches, also z.B. bei der Grobpositionierung, starke Hystereseeigenschaften des piezoelektrischen Effektes auftreten [3].

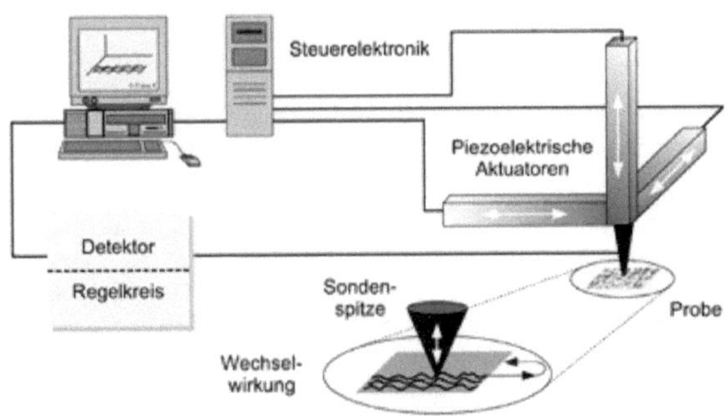

Abbildung 2.1: Aufbau eines Rastersondenmikroskops [22]

2.1.1 Rastertunnelmikroskop

Mit der Anbringung einer elektrochemisch scharf geätzten metallischen Drahtspitze als
Sonde, ergibt sich aus dem Rastersondenmikroskop, das Rastertunnelmikroskop (RTM).
Dieses macht sich den sog. „Tunneleffekt" zunutze.

Der Sonden-Proben Abstand beträgt typischerweise weniger als 1 nm. Bei diesem Abstand kommt es zur Überlappung der Zustandsdichte zwischen Sonde und Probe. In
Abbildung 2.2 erkennt man den Tunnelstrom, der zum einen durch die Tunnelelektronen
und ihren Abstand zueinander und zum anderen auf Grund der angelegten Spannung
(Potentialdifferenz von ca. 1V) hervorgerufen wird, dieser Vorgang wird als Tunneleffekt
bezeichnet. Der gemessene Tunnelstrom und der Abstand zwischen Probe und Sonde
sind exponentiell voneinander abhängig. Das bedeutet konkret: Ändert sich der Abstand
um 0,1 nm (ca. Größenordnung eines Atoms), verzehnfacht sich der Tunnelstrom. Dies
ermöglicht zum einen, eine sehr genaue Abtastung beliebiger Oberflächen, dient aber zum
anderen auch als Rückkopplung für den elektrischen Regelkreis und somit der genauen
Positionierung der Sonde über die zu Beginn erwähnten Piezoelemente. Dieses Verfahren setzt jedoch voraus, dass es sich bei der abzubildenden Probe um einen leitenden
Werkstoff handelt, sodass zwischen Sonde und Probe eine Spannung angelegt werden
kann. Nicht leitende Materialien können nur in Ausnahmefällen abgebildet werden und
nur wenn es sich um extrem dünne Schichten handelt. In diesem Fall muss die dünne
nichtleitende, auf eine andere leitende Schicht aufgebracht werden um eine Spannung
anlegen zu können und eine Potentialdifferenz zu erhalten. Ein weiterer Nachteil ist, dass
das RTM extrem anfällig gegenüber Störungen und Verunreinigungen ist. Deshalb muss
eine Messung immer unter Hochvakuum durchgeführt werden. Es ist jedoch möglich,
die Proben nicht nur abzubilden, sondern auch gezielt zu manipulieren. Dies geschieht,
indem man z.B. Moleküle an der Spitze der Tunnelsonde anbringt und diese an einen
gewünschten Ort auf der Probe bringt und dort ablädt. [3, 5].

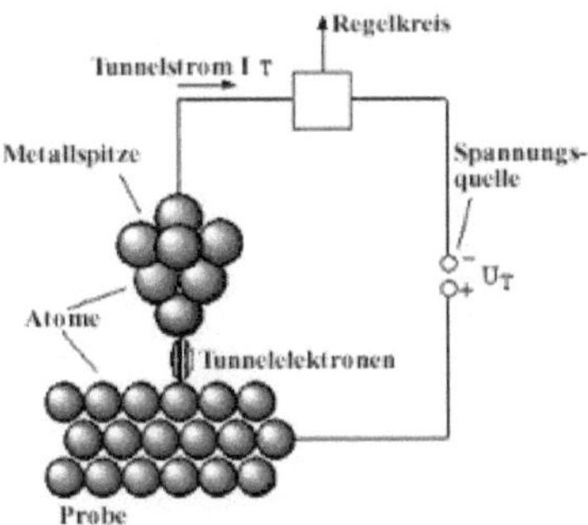

Abbildung 2.2: Aufbau und Anwendung der Tunnelsonde [23]

2.1.2 Rasterkraftmikroskop

Beim Rasterkraftmikroskop (RKM) wird als Sonde, wie in Abbildung 2.3, ein „mikrofabriziertes Biegeelement", auch Cantilever genannt, angebracht. Mit diesem lassen sich verschiedenste Strukturen, an der Oberfläche der Probe, ermitteln. Es werden zwei Verfahren zur Abtastung unterschieden, zum einen das statische, zum anderen das dynamische RKM [3].
Beim statischen RKM berührt der Cantilever die Probe oder befindet sich in einem sehr kleinen Abstand von dieser, vergleichbar wäre dieses Verfahren z.B. mit der Nadel eines Schallplattenspielers. Die Auslenkung des Cantilevers stellt die eigentliche Messgröße dar und wird mit einem Laser, der auf die Rückseite von diesem gerichtet ist, ermittelt. Unterschiedliche Kräfte haben unterschiedliche Auslenkungen und somit einen Winkelversatz des reflektierten Lichtes des Messlasers zur Folge, diese Änderungen werden durch einen Photosensor aufgenommen. Je nach Beschaffenheit des Stoffes der Probe, ergibt sich aus der Auslenkung entweder eine Magnetkraft, Reibungskraft, elektrische Abstoßung oder chemische Wechselwirkung. Die daraus resultierenden Kräfte befinden sich in der Größenordnung von einigen Nanonewton und resultieren aus dem Abstoßungsgesetz. Aus den Informationen des Photosensors wird abschließend ein dreidimensionales Abbild der Oberfläche der Probe generiert. Weiterhin werden die Informationen, wie beim RTM, einem Regelkreis zugeführt und der Abstand zwischen Cantilever und Probe wird konstant gehalten [3, 5].
Das zweite Verfahren, das dynamische RKM, besitzt gegenüber dem statischen RKM ein Piezoelement mehr. Dieses befindet sich am Cantilever und regt ihn mit Schwingungen an, die sich nahe an seiner Resonanzfrequenz befinden. Dies führt dazu, dass das System auch auf sehr geringe Änderungen außerordentlich stark reagiert. Nun wird nicht mehr die Auslenkung, sondern die Amplitude, Frequenz oder Phasenverschiebung gemessen. Diese ändert sich ebenfalls durch das Abstoßungsgesetz und kann relativ zum Anregungssignal ausgewertet werden. Daraus ergibt sich, dass sich das dynamische RKM am besten für

sehr kleine Kräfte eignet [6].
Der Vorteil, den das RKM gegenüber dem RTM hat ist, dass es bei einer größeren Anzahl von Materialien, z.B. bei biologischen Proben, angewendet werden kann und nicht so störungsanfällig ist, da sich der Cantilever, zumindest beim dynamischen RKM, in größerem Abstand zur Probe befinden kann als die Tunnelsonde. Aus dem größeren Abstand ergibt sich wiederum der Nachteil, dass die Auflösung geringfügig schlechter ist [5].

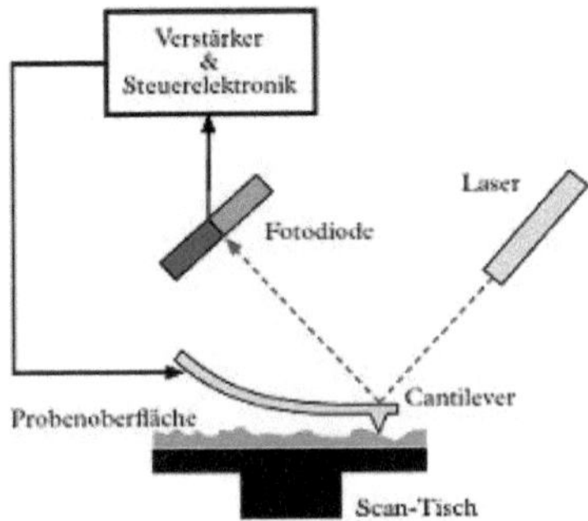

Abbildung 2.3: Prinzipieller Aufbau des Cantilevers beim RKM [10]

2.2 Herstellungsverfahren

Die Liste der Herstellungsverfahren von Nanopartikeln oder Nanostrukturen ist lang, auf alle einzugehen oder wichtige herauszufiltern ist, wegen der Anwendungsbreite in allen Disziplinen und besonders in der Medizin, schlicht nicht möglich. Trotzdem werden zur Herstellung von Nanopartikeln zwei grundsätzliche Strategien unterschieden. Der Bottom-Up- und der Top-Down-Ansatz. Abbildung 2.4 verdeutlicht die Unterschiede der zwei Verfahren, auf die im Folgenden kurz eingegangen werden soll [7].

2.2.1 Bottom-Up-Ansatz

Der Bottom-Up-Ansatz beinhaltet chemisch-physikalische Herstellungsverfahren, denen in den meisten Fällen molekulare bzw. atomare Selbstorganisation zugrunde liegt. Es werden komplexe Moleküle oder Partikel, wie der Name sagt „von unten nach oben", aus einzelnen Atomen aufgebaut. Zu diesen Methoden zählen, wie in Abbildung 2.4 zu sehen ist Aerosolverfahren, Sol-Gel-Prozesse und Fällungsreaktionen. Beim Aerosolverfahren wird ein chemisches Gas erzeugt, aus dem erste Nanopartikel durch homogene Keimbildung entstehen, das weitere Wachstum der Partikel findet dann durch Kondensation statt. Bei Sol-Gel-Prozessen werden aus Dispersionen durch chemische Prozesse poröse

Nanomaterialien, oxidische Nanoteilchen oder Beschichtungen hergestellt. Am häufigsten verwendet wird jedoch die Fällungsreaktion. Bei dieser wird aus einer Flüssigkeit, die Metallionen enthält, durch Zugabe von Fällungsreagenz die Ausflockung und der Niederschlag der gewünschten Partikel herbeigeführt [7].

2.2.2 Top-Down-Ansatz

Zum Top-Down-Verfahren zählen mechanisch-physikalische Herstellungsverfahren, diesen liegen Ansätze aus der Mikrosystemtechnik zugrunde. Die wichtigsten Anwendungen sind Mahlprozesse und Nanolithographie. Beim Mahlprozess werden metallische oder keramische Nanopartikel hergestellt, indem das Ausgangsmaterial von hochenergetischen Kugelmühlen auf die gewünschte Größe zerkleinert wird. Die Nanolithograpie unterteilt sich wiederum in sehr viele verschiedene Präge- und Druckverfahren, auf die, wegen der geringen Relevanz für die Nanomedizin, nicht weiter eingegangen werden soll [7].

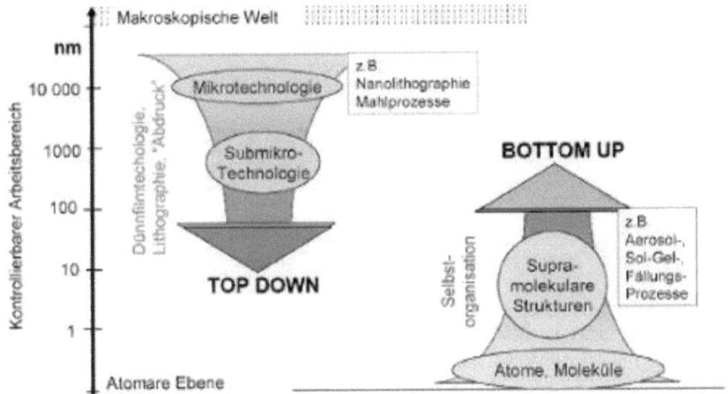

Abbildung 2.4: Bottom-Up und Top-Down-Ansatz [7]

3 Nanotechnologie in der Medizin

Es ist kaum absehbar, wie sehr Nanotechnologie die Wissenschaft in Zukunft verändern wird, fest steht jedoch, dass der Nanotechnologie speziell für den Sektor der Medizin ein sehr hoher Stellenwert zugeschrieben wird [9]. Gerade im Bereich der Diagnose- und Heilverfahren erwartet man sich die größten Fortschritte. Es bleibt jedoch abzuwarten, welche Ideen tatsächlich in die Praxis umgesetzt werden und welche Visionen bleiben [1]. Eine Unterteilung in aktuelle und zukünftige Anwendung ist deshalb sehr sinnvoll.

3.1 Aktuelle Anwendungen

Zu den aktuellen Anwendungen der Nanotechnologie in der Medizin zählen in diesem Bericht alle Verfahren, die das Teststadium erfolgreich absolviert haben und in absehbarer Zeit vor der Markteinführung stehen oder schon verfügbar sind. In einem 2011 erschienen Artikel des *Bundesministeriums für Bildung und Forschung* (BMBF) ist der Bereich der Nanomedizin in fünf Bereiche unterteilt: In Diagnostik, Therapeutik, Medizintechnik, Zahnmedizin und Biomedizinische Grundlagenforschung. Zu jedem Teilbereich gibt es verschiedene Anwendungen, die es laut BMBF bis zur Marktreife geschafft haben [8]. Im Weiteren soll speziell auf die Bereiche Diagnostik, Therapeutik und Medizintechnik eingegangen werden.

3.1.1 Diagnostik

Im Bereich Diagnostik sind zwei wesentliche Anwendungen hervorzuheben, Nanokontrastmittel und Biochips.

Nanokontrastmittel

Der Vorteil von Nanokontrastmitteln ist offensichtlich, je kleiner die Partikeln sind, desto weiter können diese in Zellen oder sehr kleine Strukturen vordringen, man spricht deshalb auch vom in-vivo-Verfahren (innerhalb des Körpers). So ist es z.B. dem Göttinger Max-Plank-Institut gelungen, sog. Quantum-Dots, im Größenbereich von 10 nm herzustellen, diese sind nicht nur kleiner, sondern können auch bis zu 1000 mal heller leuchten als herkömmliche Kontrastmittel. Über Nanotransportmittel (auf die später noch eingegangen werden soll) können sich diese Partikeln, z.B. gezielt an krankem Gewebe festsetzen und somit Zellaktivitäten in Echtzeit abbilden. Andere Verfahren machen sich Kohlestoff-Nanoröhrchen zunutze, diese kommen mit wesentlich weniger Kontrastmittel als herkömmliche Verfahren aus. So berichtet die Universität von Virgina,

dass eine 40-fache Effizienzsteigerung möglich ist [9]. Eine deutsche Firma, die CAN GmbH, vermarktet bereits solche Quantom-Dots, in diesem Falle CANdots genannt. Diese können den Zweck des Kontrastmittels zwar erfüllen, warten jedoch noch auf ihre europäische Zulassung [19].

Biochips

Unter Biochips versteht man im Allgemeinen Trägermedien, auf denen sehr viele unterschiedliche Tests parallel durchgeführt werden können. Diese Test finden außerhalb des Körpers statt und zählen deshalb zu den in-vitro-Verfahren. Der Hauptvorteil ist, dass man diese Biochips als Schnelltests einsetzen kann, um so, vor-Ort, gegen eine Sepsis oder Epidemie vorzugehen. Die Familie der Biochips ist wiederum sehr groß, deshalb liegt das Augenmerk in diesem Bericht auf dem Lab-on-a-Chip, der speziell für die oben genannten Schnelltests verfügbar ist. Bei diesem Test werden Körperflüssigkeiten, die z.B. mit superparamagnetischen Partikeln angereichert wurden, durch Magnetfelder zu einzelnen Zonen des Chips bewegt. Dort herrschen unterschiedliche Temperaturen vor und es können somit verschiedene Analyseschritte stattfinden. Durch Fluoreszenz-Detektoren werden eventuelle Ergebnisse sofort angezeigt. Dieses Verfahren soll somit die Testzeit für verschiedenste Virusinfektionen und Erbkrankheiten auf bis zu 17 Minuten verkürzen. Eine bisherige Laboruntersuchung würde dagegen mehrere Tage in Anspruch nehmen [9]. Das Lab-on-a-Chip System befindet sich derzeit laut Ref. [2] im Prototypen-Stadium .

3.1.2 Therapeutik

Das Thema der Therapeutik befasst sich hauptsächlich mit der Pharmazie, also dem Arzneimittelsektor. Momentan existieren ca. 20 nanoptimierte Medikamente (Stand 2011 aus Ref. [8]) auf dem Markt, welche sich u.a. gegen Tumorerkrankungen, chronische Hepatitis oder multiple Sklerose richten. Manche dieser Medikamente enthalten zur Verkapselung des Wirkstoffs Liposomen, Polymer-Protein-Konjugate oder polymere Substanzen [8].

Liposomen

Die ältesten Nanoteilchen, die zu Therapiezwecken eingesetzt werden, sind die *Liposomen*. Bei diesen handelt es sich um künstlich hergestellte Transportvehikel, die mit unterschiedlichsten Wirkstoffen ausgestattet werden können. Da die Wirkstoffe innerhalb der Liposomen verkapselt vorliegen, sind sie, im Vergleich zu normalen Wirkstoffen, die sich innerhalb des Körpers befinden, wesentlich unempfindlicher gegenüber äußeren Einflüssen. Die Freisetzung des Wirkstoffes erfolgt dann über die Reaktion der Liposomen auf sich verändernde Umgebungsbedingungen. So werden die Liposomen z.B. bei einer Veränderung des ph-Wertes durchlässig und der Wirkstoff wird freigesetzt [3].

Polymere Substanzen

Ein anderer Ansatz ist das Einbringen von *polymeren Nanocarriern* in Zellen. Diese bilden ballähnliche Strukturen und können ebenfalls mit Medikamenten beladen werden. Die Oberflächenstruktur kann so funktionalisiert werden, dass sie sich gezielt an gewünschte Zellen oder Zellregionen binden. In Abbildung 3.1 erkennt man die Funktionsweise. Aufgabe der Nanocarrier (Abbildung 3.1d) war es in diesem Versuch, den Golgiapparat von Zellen zu finden und grünen Farbstoff, anstatt eines Wirkstoffes, freizusetzen. Abbildung 3.1a zeigt grün markiert die Mitochondrien der Zelle, Abbildung 3.1b ihren Zellkern. Der Golgiapparat (Abbildung 3.1c) ist wiederum grün markiert und das Ziel der Nanocarrier, die genau diese Bereiche (Abbildung 3.1d) mit ihrer roten Färbung überlagern [10].
In Abbildung 3.1e sind alle Zellbereiche zusammen mit den Nanocarriern dargestellt. Die Nanocarrier befinden sich an den gewünschten Bereichen und geben einen grünen Farbstoff, mit dem sie beladen wurden, über einen Zeitraum von zwei Tagen frei [10].

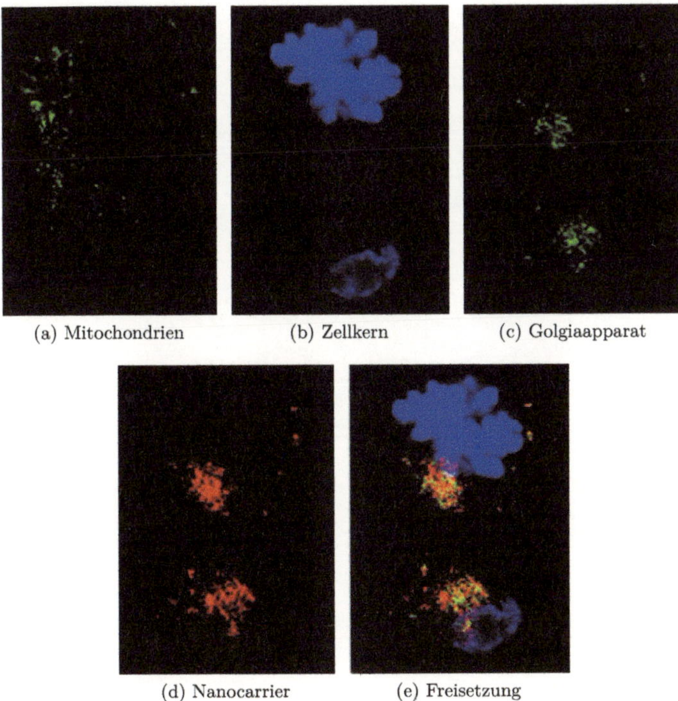

(a) Mitochondrien   (b) Zellkern   (c) Golgiaapparat

(d) Nanocarrier   (e) Freisetzung

Abbildung 3.1: Interaktion von polymeren Strukturen mit biologischer Zelle [10]

Versuche wie dieser haben gezeigt, dass Nanocarrier in der Lage sind Medikamente an einem gewünschten Ort zu transportieren. Derzeit werden in Langzeitstudien mögliche Nebenwirkungen, wie Organschäden oder Tumorentwicklung, untersucht, um sämtliche Komplikationen vor der Markteinführung auszuschließen [10].

3.1.3 Medizintechnik

Im Bereich der Medizintechnik gibt es momentan wohl die meisten Anwendungsfälle. Begonnen mit nanostrukturierten Knochenersatzmaterialien oder biokompatibler Implantete, über antibakteriell beschichtete Katheter, Stents oder Wundauflagen, bis hin zu neuartigen Dialysefitern ist alles möglich. Das wohl interessanteste Thema ist medizintechnisch jedoch die Krebsbekämpfung durch magnetische Hyperthermie, die 2010 die europäische Zulassung erhalten hat [8]. Deshalb wird dieser Bericht, speziell auf das Hyperthermieverfahren, ausführlicher eingehen.

Biokompatible Implantate

Die Verträglichkeit von Implantaten ist eines der wichtigsten medizinischen Themen, da immer mehr Patienten auf Prothesen oder Herzschrittmacher angewiesen sind. Probleme bei herkömmlichen Implanteten sind, zum einen lange „Einheilzeiten" und zum anderen die Verträglichkeit bzw. Abstoßung der Implantate durch den Körper. Nanostrukturierte Oberflächenbeschichtungen könnten dabei Abhilfe schaffen. Diese Implantate können z.B. aus Diamant-Kohlenstoff-Verbindungen oder nanoporösen Schichten bestehen [9]. Ein konkretes Beispiel für solche Implantete ist die Firma *Oraltronics*, die mit dem, aus Reintitan bestehenden Implantat *Puretex*®, das erste mit einer nanoporösen Oberfläche ausgestattete Implantat auf den Markt brachte. Studien haben gezeigt, dass die nanoporöse Struktur vorteilhaft für ein beschleunigtes Einheilverfahren war. Ein weiterer Vorteil ist die längere Haltbarkeit des Implantates gegenüber den herkömmlichen. Die schnellere Einheilzeit liegt, laut Oraltronics, an der homogenen Verteilung der Nanostrukturen, die es den Zellen ermöglicht leicht Halt zu finden. Eine Zellbesiedelung war schon nach zwei Wochen zu beobachten [11]. Des Weiteren können die Eigenschaften von Implantaten, durch antibakterielle Oberflächen, noch weiter verbessert werden.

Antibakterielle Oberflächen

Bei antibakteriellen Oberflächen in der Nanotechnologie handelt es sich, in den meisten Fällen um Beschichtungen mit Nanosilber. Die biozide Wirkung von Silber ist schon seit etwa 3000 Jahren bekannt, doch erst heute weiß man, dass positiv geladene Silberionen Enzyme zerstören können. Das erreichte Wirkungsspektrum übertrifft in Teilen sogar das von Antibiotika [3]. Da heute in Krankenhäusern immer neue Infektionskrankheiten und Keime auftreten nimmt Nanosilber einen immer höheren Stellenwert ein. Mitte des 20. Jahrhunderts wurde Silber, damals noch nicht als Nanopartikel vorliegend, durch Desinfektionsmittel wie Triclosan oder Antibiotika abgelöst. Momentan wird jedoch über eine Ablösung von z.B. Triclosan als Desinfektionsmittel, vor allem in Krankenhäusern,

diskutiert, da viele Mikroorganismen eine Resistenz gegen herkömmliche Desinfektionsmittel und Antibiotika entwickelt haben.

Zur Anwendung kommt Nanosilber bereits heute bei medizinischen Implantaten, Wund-
verbänden, Kathetern oder als Oberflächenbeschichtung. Aus dem Material werden dann
kontinuierlich Silberionen gelöst, die ihre biozide Wirkung lokal entfalten können [2]. Ein
konkretes Beispiel für ein Produkt, das Silberionen freisetzt, ist die in Abbildung 3.2
dargestellte, Wundauflage.

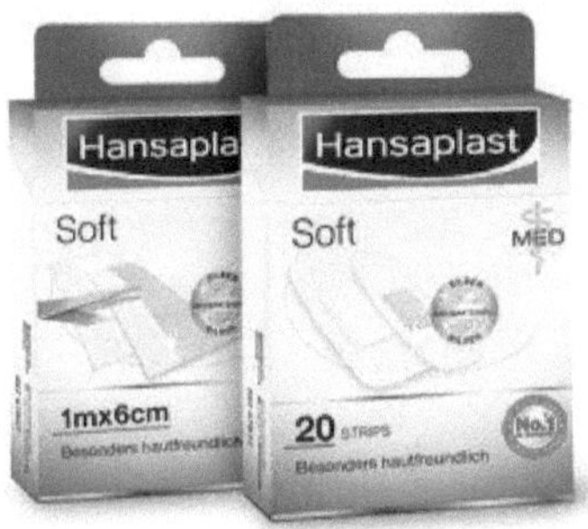

Abbildung 3.2: Hansaplast Wundauflage mit Siblerionen [24]

Nanomembran Dialysefilter

Etwa 2,3 Mio. Menschen leiden weltweit an chronischem Nierenversagen. Den Erkrankten
bleiben in den meisten Fällen nur zwei Möglichkeiten, sog. Nierenersatztherapien: Zum
einen eine Nierentransplantation, die auf Grund des Organmangels in diesem Sektor
äußerst selten ist und zum anderen eine „Blutwäsche", die Dialyse genannt wird. Das
Verfahren, das am häufigsten (bei ca. 1,6 Mio. Patienten) zur Anwendung kommt, ist die
Hämodialyse. Bei dieser wird das Blut, außerhalb des Körpers, durch einen Kapillarfilter
gepumpt und dort von Giftstoffen, die bei gesunden Menschen die Niere herausfiltert,
gereinigt. Dieser Vorgang ist sehr zeitintensiv, da die Patienten jede Woche ca. drei mal
für mehrere Stunden an eine Dialysemaschine angeschlossen werden müssen. Dazu kommt
eine relativ hohe Mortalitätsrate, auf Grund der Giftstoffrückstände, die sich durch den
Filter und dessen schlechter Oberflächengüte im Blut anreichern [2].

Dieser Problematik kann durch Nanomembranen für Dialysefilter Abhilfe geschaffen
werden. Mit dem Verfahren des Nano-Controlled-Spinning (NCS), zu deutsch nano-
kontrollierte Spinntechnologie, lassen sich nanoporöse Membranen erzeugen, die der
natürlichen Nierenstruktur ähnlicher sind als herkömmliche Membranen. Effekte wie
höhere Durchlässigkeit für Mittelmoleküle, Endotoxinrückhaltevermögen und höhere
Hämokompatibilität sind ebenfalls Effekte die der geringeren Porengröße und höheren
Anzahl pro Flächeneinheit zugeschrieben werden. Alle diese Eigenschaften führen einer-

seits, zu einer besseren Giftstoffabscheidung aus dem Blut und zum anderen, zu einer erhöhten Biokompatibilität durch die verbesserte Oberflächenstruktur (Lotuseffekt), aus der sich eine Senkung der Mortalitätsrate ergibt [2], citefresenius.

Ein Unternehmen, von dem auch Informationen zu diesem Thema stammen, ist Fresenius Medical Care, die mit dem durch NCS hergestellten Nanomembranfilter „Helixone" ihre Produktpalette erweitern bzw. verbessern. Diese neuartige Membran ist z.B. in den Dialysatoren der Klasse FX CorDiax verbaut und bereits im Einsatz.

Hyperthermieverfahren

Beim Hyperthermieverfahren handelt es sich um eine Thermotherapie mit magnetischen Nanopartikeln, die nach Einbringung im Tumorgewebe, durch einen Magnetfeldwechselapplikator, erwärmt werden [14, 8].

Die schädigende Wirkung von Temperaturen im Bereich von ca. 43 °C, besonders auf Tumorgewebe, ist bedingt durch die schlechtere Thermoregulation des kranken Gewebes. Das bedeutet konkret, dass in Tumorgewebe mehr ungeordnete Gefäßstrukturen als in gesundem Gewebe vorhanden sind. Dieser Effekt ist schon seit langem bekannt und erste Versuche, mit Temperatur gegen Tumore vorzugehen, wurden schon im Jahr 1980 durchgeführt. Damals wurden jedoch elektromagnetische Felder genutzt, um bestimmte Körperregionen aufzuheizen. Diese Methode war jedoch nicht erfolgreich, da neben krankem Gewebe auch Gesundes betroffen war und die Temperatur, mit zunehmender Gewebetiefe, immer geringer wurde. Dies führte zwangsläufig zu Verbrennungen an der Hautoberfläche, wobei das tiefer liegende Tumorgewebe von benötigten 43 °C noch weit entfernt war. Erst Dr. Andreas Jordan hatte später die Idee, Wärme durch die Einbringung von Magnetpartikeln im Gewebe lokal zu erzeugen. Er fand zudem heraus, dass gerade Nanopartikel eine sehr starke Erwärmung zeigten. Weiterhin gelang ihm, in Zusammenarbeit mit dem Institut für neue Materialien in Saarbrücken, die Aufnahme und den Verbleib von Nanopartikeln im Tumorgewebe sicherzustellen. Sie entdeckten, dass Eisenoxidpartikel mit einer Aminosilanbeschichtung hervorragend von Tumorzellen aufgenommen werden und dort verbleiben. Diese Entdeckungen lieferten die Grundlagen für die heute von MagForce angewendete Nano-Krebs-Therapie, auf die im Folgenden genauer eingegangen werden soll [13, 8].

Die Therapie der MagForce AG setzt sich aus zwei wesentlichen Bestandteilen zusammen, der Magnetflüssigkeit NanoTherm® und dem Magnetfeldwechselapplikator NanoActivator®. Die Flüssigkeit besteht aus eisenoxidhaltigen Nanopartikeln mit einer Größe von ca. 15 nm. Diese sind von einer Aminosilanbeschichtung umgeben, die wie oben genannt, dazu führt, dass die Partikeln ins Tumorgewebe gelangen und dort verbleiben. Weiterhin verhindert diese Beschichtung die Einlagerung in gesundem Gewebe und erlaubt zudem eine feine Verteilung in Wasser, was für die Injektion nötig ist. Die Eisenkonzentration der Dispersion liegt bei ca. 112 mg/ml. Nach erfolgreicher Applikation der Flüssigkeit im Tumorgewebe nehmen die Eisenpartikeln die Aufgabe des „Transducers" (Energiewandler) ein. Die Partikeln besitzen ein intrinsisches magnetisches Moment. Dieses wird später mit einem von außen angelegten magnetischen Feld, durch Relaxionsprozesse, angeregt und die Partikeln strahlen daraufhin Wärme an ihre

Umgebung ab [13, 14].

Um die gewünschte Temperatur zu erreichen, wird ein Magnetfeldwechselapplikator mit integrierter Thermometrie-Einheit verwendet, der sog. NanoActivator[®]. Dieser kann ein 100 kHz Magnetwechselfeld erzeugen. Dieses führt in Abhängigkeit von Spulenstrom und Spaltabstand zu Feldstärken von ca. 2-15 kA/m. Abbildung 3.3 den NanoActivator[®] der Firma MagForce [13, 14].

Abbildung 3.3: NanoActivator[®] der Firma MagForce [25]

Vor der Injektion der Flüssigkeit werden die genauen Injektionspunkte und Kanäle über präoperative Bilddatensätze, mittles Magnetresonanztomografie (MRT), ermittelt. Es wird eine Dosierung der Flüssigkeit, von 0,2-0,4 ml pro cm^3 Tumorgewebe, angestrebt. Dabei liegt der Höchstabstand der einzelnen Punktionskanäle bei ca. 8-10 mm. Abbildung 3.4 zeigt wie eine solche 3D-Planung aussehen könnte [13].

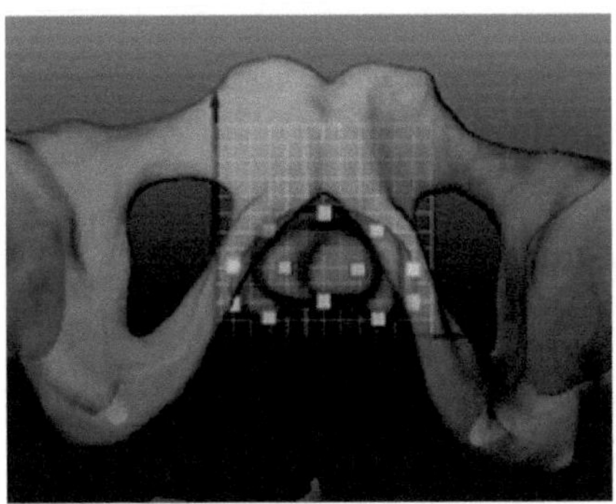

Abbildung 3.4: 3D-Planung der Punktionskanäle zu Applikation der Flüssigkeit in die Prostata [13]

Ein weiterer wichtiger Schritt, vor Beginn der Therapie, ist die Berechnung der Temperaturverteilung. Diese ist entscheidend für den Erfolg der Behandlung, da die oben genannten 43°C unbedingt erreicht werden müssen. Die erforderlichen Daten können ebenfalls aus einem MRT, in dem die Nanopartikel-Depots sichtbar werden, bestimmt werden. Berechnet wird die erreichbare Temperatur innerhalb des Tumors, sowie die dazugehörige erforderliche Magnetfeldstärke, unter Einbeziehung der Leistungsaufnahme der Nanopartikeln. Je nach Gewebeart: Knochen, Haut oder Muskelgewebe, in der sich der Tumor befindet, muss noch die angenommene Perfusion, die für die Wärmeabfuhr von entscheidender Rolle ist, berechnet werden [13].

Abbildung 3.5 und 3.6 zeigt die Aufnahmen eines Patienten mit Glioblastom (bösartiger Hirntumor). Der Tumor ist, in Abbildung 3.5a und 3.5b, rot eingekreist zu sehen. Nach Injektion der NanoTherm® Flüssigkeit ist diese, in Abbildung 3.5c und 3.5d, als heller Schatten zu sehen, die Aufnahme zeigt weiterhin, dass sich die Nanopartikel am Tumorgewebe angelagert haben. Die errechneten Temperaturen liegen zwischen 40°C (blaue Linie) und 50°C (rote Linie). Die braune Linie steht für die eigentliche Tumorgröße und ist der Übersichtlichkeit wegen mit eingezeichnet. Abbildung 3.6a und 3.6b zeigen den Tumor (brauner Bereich), die NanoTherm® Flüssigkeit (blauer Bereich) und den Kanal für den Katheter der Magnetflüssigkeit, der auch zur späteren Temperaturüberwachung, mittels einer Sonde, dienen kann (grüner Bereich) [15].

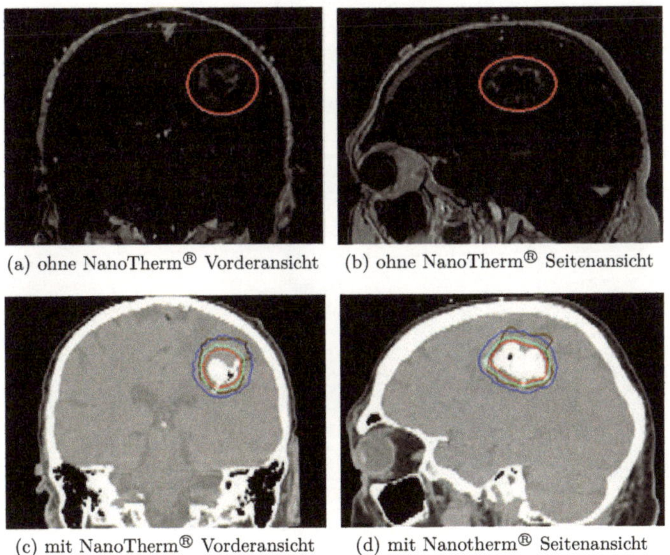

(a) ohne NanoTherm® Vorderansicht (b) ohne NanoTherm® Seitenansicht

(c) mit NanoTherm® Vorderansicht (d) mit Nanotherm® Seitenansicht

Abbildung 3.5: Patient mit Glioblastom [15]

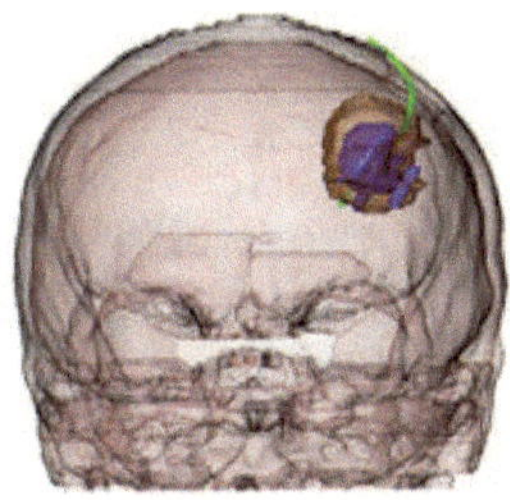

(a) 3D Vorderansicht

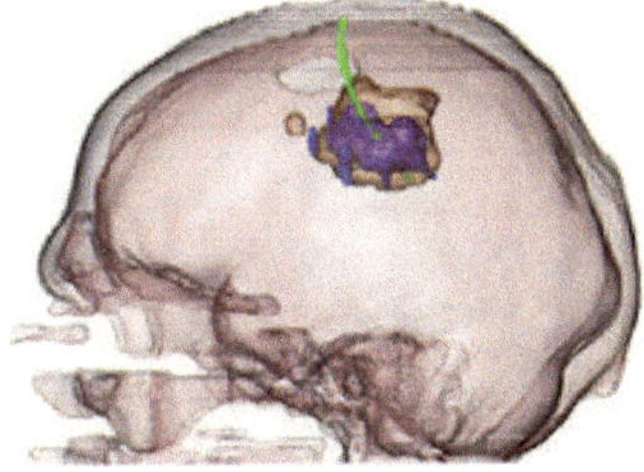

(b) 3D Seitenansicht

Abbildung 3.6: Patient mit Glioblastom 3D [15]

Die Therapie selbst besteht in der Regel aus sechs Sitzungen, mit einer Dauer von jeweils ca. einer Stunde. Zwischen den Behandlungen ist ein Abstand von ca. 48 Stunden empfehlenswert. In dieser Weise wurden zwischen März 2003 und Juli 2004 in einer ersten klinischen Studie, die auf die Machbarkeit und Verträglichkeit der Therapie abzielte, 14 Patienten mit Glioblastom, am Bundeswehr Krankenhaus Berlin, mit magnetischen Nanopartikeln und parallel dazu mit einer Radiotherapie behandelt. Es wurden im Schnitt 6,5 Behandlungen pro Patient durchgeführt, dabei erreichte man im Tumorgewebe einen mittleren maximalen Temperaturwert von ca. 44,6°C. Obwohl das Überleben der todkranken Patienten nicht im Vordergrund stand, gab es bei dieser sog. Phase I Studie kaum Nebenwirkungen. Lediglich ein vorübergehender Anstieg der Körpertemperatur war zu verzeichnen. Die Gesamtüberlebenszeit nach dem Eingriff betrug im Mittel 14,5 Monate, was von der Fachwelt als sehr vielversprechend aufgenommen wurde. In einem Einzelfall betrug die Progressionszeit (Zeit ab Beginn der Studie bis zum Fortschreiten der Krankheit) nach dem Eingriff sogar sechs Jahre. Des Weiteren wurden noch drei andere Phase I Studien an verschiedensten Krankenhäusern durchgeführt. Ziel dieser Studien waren z.B. Prostatakazinome. Da jedoch lediglich die Nano-Krebs-Therapie bei Glioblastom Patienten 2010 die europäische Zulassung erhalten hat (Abbildung 3.7), sollen die anderen Studien außen vor gelassen werden. In einer weiteren Studie, der Phase II, wurde bis Ende 2009 eine Verlängerung der Überlebenszeit bei Glioblastom Patienten, durch Nano-Krebs-Therapie in Verbindung mit Bestrahlung, nachgewiesen. Diese stieg von einer durchschnittlichen Überlebensdauer von 6,2 Monaten nach Diagnose auf 13,4 Monate an und hat sich somit mehr als verdoppelt [13, 8].
Zusammenfassend lässt sich sagen, dass diese Technik grundsätzlich in der Lage ist, einen Tumor zu bekämpfen. Da die Partikeln, in den verschiedenen Studien, auch nach einem Jahr noch im Gewebe nachgewiesen werden konnten, ist eine Anschlusstherapie durchaus möglich. Es bleibt abzuwarten, für wie viele Tumorarten diese Methode in Zukunft eingesetzt werden kann, doch der erste Schritt ist getan und durch die 2010 erhaltene europäische Zulassung steht einer Verbreitung dieser Methode nichts mehr im Wege.

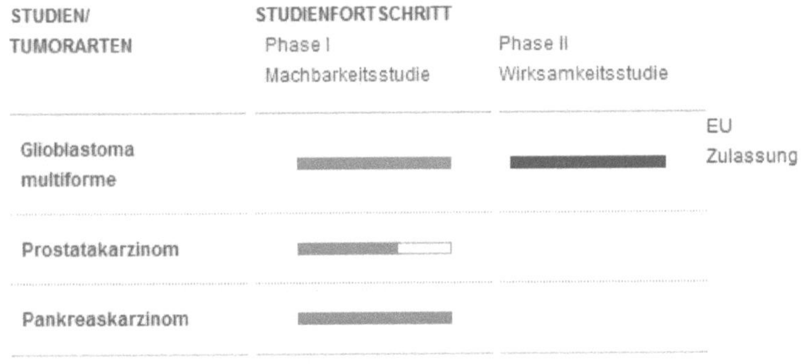

Abbildung 3.7: Studien der MagForce AG [14]

3.2 Zukünftige Anwendungen

Die Liste zukünftiger Anwendungen ist noch wesentlich länger als die der Aktuellen. Hier soll ein grober Überblick über Projekte gegeben werden, die sich derzeit in der Entwicklung befinden. Danach geht der Bericht auf das sog. Tissue Engineering gesondert ein, da dieses speziell für den momentanen vorherrschenden Organmangel und die damit einhergehende politische Diskussion Abhilfe schaffen kann.

3.2.1 Allgemeiner Überblick

Anwendungen, die in naher Zukunft die Medizin bereichern könnten, sind in erster Linie diagnostische Anwendungen, wie z.B. molekulare Marker, die zur Früherkennung spezieller Krankheiten eingesetzt werden könnten. Weiterhin sollen diese Marker nicht nur zu Diagnosezwecken eingesetzt werden, sondern auch zur Therapie durch integrierte „Drug-Delivery-Systeme". Diese beinhalten unterschiedlichste Medikamente und setzen sie frei, sobald dies vonnöten ist. Durch die Verbindung von Therapie und Diagnostik ergibt sich daraus ein neues Feld, die Theranostik. Im Bereich der Medizintechnik werden durch die Nanotechnologie immer leistungsfähigere Implantate entwickelt. Ein vielversprechendes Projekt ist das der nanofunktionalen Implantate, welchen es möglich sein soll, mit dem Körpergewebe zu interagieren und ebenfalls Wirkstoffe freizusetzen. Weiterhin wird an Neuroimplantaten geforscht, die eventuell durch eine Krankheit verlorene Sinneswahrnehmungen oder Nervenzellen ersetzen können. In diesem Zuge ist auch das Netzhautimplantat zu nennen, welches Erblindeten die Fähigkeit des Sehens wiedergeben soll. Abschließend soll ein weiteres vielversprechendes Forschungsprojekt, das Tissue Engineering, genauer betrachtet werden [8].

3.2.2 Tissue Engineering

Beim Tissue Engineering soll, durch Herstellung nanotstrukturierter Trägersubstanzen, Gewebe- oder Organersatz hergestellt werden [8, 18]. Das Tissue Engineering selbst, ist die Disziplin zur Bereitstellung eines geeigneten Gerüsts (Scaffold), welches später durch gewünschte Zellen besiedelt werden kann. Weiterhin soll das Zellwachstum, durch speziell am Scaffold angereicherte Medikamente und Proteine, beschleunigt werden. Die Scaffolds werden über die Methode des „Elektrospinnings" (Abbildung 3.8) hergestellt. Dabei wird aus einer Polymerlösung, durch Krafteinwirkung mit Hilfe eines elektrischen Feldes und der daraus resultierenden Drehung, eine Fasermatte hergestellt. In Abbildung 3.8a erkennt man die Polymerlösung (Solution), die durch eine Düse, die an ein elektrisches Feld angeschlossen ist (High Voltage power supply), geleitet wird. Aufgrund der elektrischen Ladung, wird die Polymerlösung in Richtung des Kollektors gezogen, wobei eine Krafteinwirkung zu einer Faserdehnung führt, die den ursprünglichen Faserdurchmesser um mehrere Größenordnungen verringert. Der entstehende Enddurchmesser ist von verschiedensten Prozessparametern, wie z.B. Viskosität, Oberflächenspannung und Leitfähigkeit der Polymerlösung und elektrischer Spannung, Flussrate und Abstand zwischen Düse und Kollektor der Anlage, abhängig. Außerdem spielen Umgebungsparameter, wie Luftfeuchtigkeit und Temperatur, eine wichtige Rolle. Die Fasern lagern sich abschließend am Kollektor an und es entsteht eine Fasermatte (Abbildung 3.8b) [16].

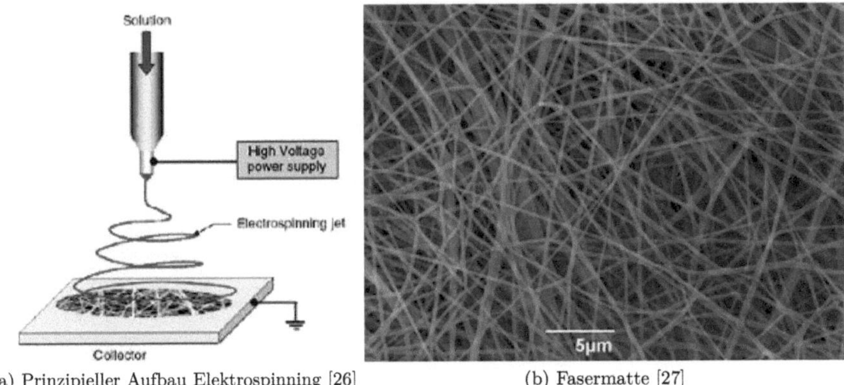

(a) Prinzipieller Aufbau Elektrospinning [26]   (b) Fasermatte [27]

Abbildung 3.8: Elektrospinning

Ein Problem für kompliziertere Anwendungen, wie z.B. Organe, ist, dass die Form des Kollektors die dreidimensionale Struktur der gewünschten Organe widerspiegeln muss. Des Weiteren sind scharfe Kanten und Übergänge zu vermeiden, da an diesen Stellen durch die Verstärkung des elektrischen Feldes Ungleichmäßigkeiten in der Schichtdicke entstehen. In Abbildung 3.9 sind verschiedene Scaffolds zu sehen, die bereits jetzt herstellbar sind. Unkomplizierte Strukturen, wie die von Blutgefäßen (Abbildung 3.9a), herzustellen ist

relativ einfach. Weitaus schwieriger zu erzeugen sind kompliziertere Geometrien, wie z.B. die einer Herzklappe (Abbildung 3.9b) [16].

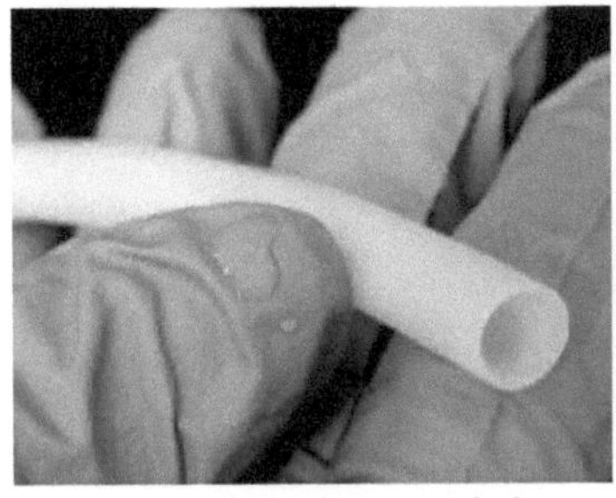

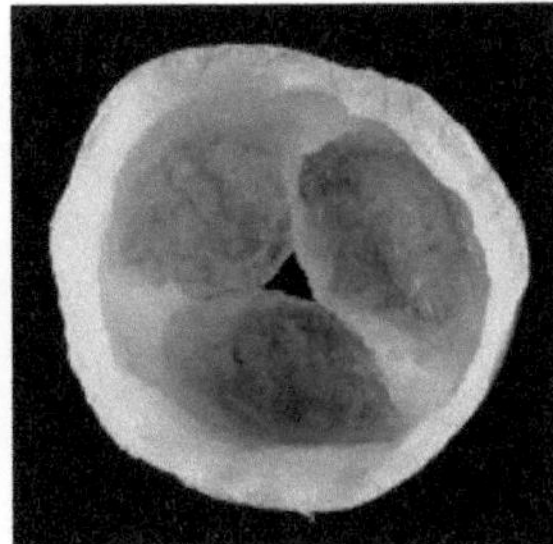

(a) künstliches Blutgefäß [28]   (b) künstliche Herzklappe [29]

Abbildung 3.9: Anwendungen des Elektrospinnings

Das Tissue Engineering ist ein geeigneter Ansatz Trägermaterialien herzustellen. Derzeitige Forschungen befassen sich deshalb mit der weiteren Verkleinerung der Porengröße auf ein physiologisches Maß, sowie einer Beladung mit geeigneten Substanzen, die eine Kultivierung des Scaffolds mit Zellen ermöglicht [16].

Es bleibt abzuwarten, inwieweit es möglich sein wird, z.B. eine Niere zu „züchten", um somit Dialysepatienten heilen zu können. Doch die Chancen stehen gut, da z.B. an der Universität Würzburg ein Lehrstuhl für Tissue Engineering und Regenerative Medizin existiert. Dort ist es Frau Prof. Dr. Walles laut Ref [17] in Zusammenarbeit mit dem Fraunhofen Institut Stuttgart, durch Tissue Engineering gelungen, ein funktionales Stück Leber in einem *Bioreaktor* zu erzeugen. Der Bioreaktor, auf dessen Funktionsweise nicht weiter eingegangen werden soll, wird zur Besiedelung des Scaffolds mit Zellen benötigt. Auch wenn dieses, ca. fingergroße Stück Leber, noch keinen geeigneten Organersatz darstellt, kann es trotzdem zur Erprobung neuartiger Medikamente genutzt werden [17]. Abschließend lässt sich sagen, dass sich durch das Tissue Engineering, gerade im Bereich der regenerativen Medizin, sehr vielfältige Gestaltungsmöglichkeiten ergeben [16].

4 Zusammenfassung

4.1 Chancen und Risiken

Nanotechnologie und die damit einhergehenden Materialien nehmen in der Medizin bereits
heute einen sehr hohen Stellenwert ein. Die genannten aktuellen und die zu erwartenden
zukünftigen Anwendungen klingen fast zu utopisch um wahr zu sein [9].
Aus den bisher betrachteten Möglichkeiten und Chancen ergeben sich deshalb natürlich
auch Risiken. Die einzelnen Risikopotentiale müssen in Einzelfällen noch geprüft werden und sind Teil des gesetzlich vorgeschriebenen Zulassungsverfahrens. Auf Grund der
großen Varianz im Bereich der Nanotechnologie müssen deshalb immer mehr geeignete
Testverfahren gefunden werden. Ein weiteres Risiko sind eventuelle langfristige Nebenwirkungen, wie Genmutationen oder Nanotoxizität, die sich oft, wenn überhaupt, nur
schwer nachweisen lassen[9, 1, 10].
Ein weiterer wichtiger Punkt ist der ethische Aspekt. Wenn neuartige Medikamente
Kranke heilen, wirken sie eventuell leistungssteigernd bei gesunden Menschen. Eine
mögliche Verbesserung der Hirnleistung, oder die Steigerung der Leistungsfähigkeit von
Sportlern oder Soldaten durch künstliche Implantate verdeutlicht die Notwendigkeit einer
sorgfältigen Prüfung aller ethisch relevanter Fragen bezüglich der Nanomedizin. Bisher
wird diese Debatte lediglich von Ethikern ohne Zusammenarbeit mit Forschern geführt
[9].
Weiterhin leidet die Nanotechnologie, speziell in der Medizin, darunter, dass sich die
öffentliche Wahrnehmung irgendwo zwischen Wissenschaft, Prophezeiung und Science
Fiction aufhält [1].

4.2 Fazit

Für eine Zukunft, in der jeder Mensch von den Chancen der Nanotechnologie profitieren
soll, ist es unbedingt erforderlich, für die Aufklärung der Bevölkerung zu sorgen. Weiterhin
müssen Risiken sorgfälltig abgewogen werden um zu verhindern, dass mehr Schaden als
Nutzen entsteht. Da zudem eine Bündelung internationaler Ressourcen im Bereich der
Forschung, nach meiner Meinung, im Vordergrund steht, schließt dieser Bericht mit einem
Zitat von Marie von Ebner- Eschenbach.

„Das Wissen ist das einzige Gut, das sich vermehrt, wenn man es teilt" [20]

Literaturverzeichnis

[1] Dr. Udo Helmbrecht: *Nanotechnologie*, von (Onlinezugriff): `https://www.bsi.bund.de/SharedDocs/Downloads/DE/BSI/Publikationen/Studien/Nanotechnologie/Nanotechnologie_pdf.pdf?__blob=publicationFile`, Bundesamt für Sicherheit in der Informationstechnik, Bonn, 2007, Aufgerufen am: 04.12.2012

[2] Grimm, Heinrich, Malanowski, Pfirrmann, Schindler, Stahl-Rolf, Zweck: *Nanotechnologie: Innovationsmotor für den Standort Deutschland*, 1. Auflage, ISBN 978-3-8329-6609-6, Nomos Verlagsgesellschaft, Baden-Baden, 2009

[3] Prof. Dr. Uwe Hartmann: *Nanotechnologie*, 1. Auflage, ISBN 978-3-8274-1802-9, Spektrum Akademischer Verlag, 2006

[4] R. H. Ahrens: *Streit um Nano-Lücken in EU-Chemikalienverordnung*, in: *VDI Nachrichten*, Ausgabe 43, 26. Oktober 2012

[5] Oliver Schoppe: `http://world-of-nano.de/`, Aufgerufen am: 29.10.2012

[6] BAM Bundesanstalt für Materialforschung: `http://www.nike.bam.de/de/`, Aufgerufen am: 29.10.2012

[7] C. Raab, M. Simkó, U. Fiedeler, M. Nentwich, A. Gazsó: *Herstellungsverfahren von Nanopartikeln und Nanomaterialien*, von (Onlinezugriff): `http://epub.oeaw.ac.at/ita/nanotrust-dossiers/dossier006.pdf`, in: *NanoTrust-Dossier*, Ausgabe 006, November 2008, Aufgerufen am: 04.11.2012

[8] Bundesministerium für Bildung und Forschung: *nano.DE-Report 2011*, von (Onlinezugriff): `http://www.bmbf.de/pub/nanoDE-Report_2011.pdf`, Bonn, 2011, Aufgerufen am: 03.12.2012

[9] Antje Grobe, Christian, Schneider, Mersad Rekic´, Viola Schetula: *Nanomedizin - Chancen und Risiken*, ISBN: 978-3-89892-965-3, Gutachten im Auftrag der Friedrich-Ebert-Stiftung, September 2008

[10] Dr. Patrick Hunziker: *Nanomedizin - Anwendungsmöglichkeiten der Nanowissenschaften in Diagnostik und Therapie*, von (Onlinezugriff): `http://www.forschung-leben.ch/ffl_de/assets/File/BioFokus/BioFokus78.pdf`, in *BioFokus*, Ausgabe 78, September 2008, Aufgerufen am: 03.12.2012

[11] Oraltronics Dental Implant Technology GmbH: *BZB*, von (Onlinezugriff): `http://www.bzb-online.de/julaug06/34_35.pdf`, Ausgabe Juli-August, 2006, Aufgerufen am: 03.12.2012

[12] Fresenius Medical Care Deutschland GmbH: *Hämodialyse - Dialysatoren und Filter*, von: privater Quelle, Lieferprogramm 2012

[13] Andreas Jordan, Burghard Thiesen: *Thermotherapie mit magnetischen Nanopartikeln (Nano-Krebs-Therapie)*, von (Onlinezugriff): `http://www.kas.de/upload/dokumente/verlagspublikationen/Innovation-Medizin/innovation_medizin_jordan.pdf`, Aufgerufen am: 02.11.2012

[14] MagForce AG: `http://www.magforce.de/`, Aufgerufen am: 02.11.2012

[15] Klaus Maier-Hauff, Frank Ulrich, Dirk Nestler, Hendrik Niehoff, Peter Wust, Burghard Thiesen, Helmut Orawa, Volker Budach, Andreas Jordan: *Efficacy and safety of intratumoral thermotherapy using magnetic iron-oxide nanoparticles combined with external beam radiotherapy on patients with recurrent glioblastoma multiforme*, von (Onlinezugriff): `http://www.magforce.de/fileadmin/magforce/3_studien/Sept21_2010_NeuroOncology.pdf`, Onlineveröffentlichung: 16. September 2010

[16] H. Zernetsch, T. Chakradeo, A. Szenivanyi, H. Menzel, P. Behrens, B. Glasmacher: *Träger, Tracer und Depots: Submikron- und Nanotechnologie in der Biomedizin*, ISBN: 978-3-18-234309-7, in: Kunststoffe in der Medizintechnik, S. 249-259, 2010

[17] Pressemeldung der Universität Würzburg: `http://www.uk-wuerzburg.de/aktuelles/news-detail/article/neue-professorin-gewebsersatz-aus-dem-bioreaktor.html`, Aufgerufen am: 19.11.2012

[18] Bundesamt für Gesundheit: `http://www.bag.admin.ch`, Aufgerufen am: 09.11.2012

[19] Persönliche Quelle (Email) von: textitJan Niehaus, CAN GmbH, Erhalten am: 21.11.2012

[20] Dr. Udo Helmbrecht: *Nanotechnologie*, von (Onlinezugriff): `https://www.bsi.bund.de/SharedDocs/Downloads/DE/BSI/Publikationen/Studien/Nanotechnologie/Nanotechnologie_pdf.pdf?__blob=publicationFile`, Bundesamt für Sicherheit in der Informationstechnik, Bonn, 2007, Seite 175, Aufgerufen am: 04.12.2012

[21] `http://images.wikia.com/exoriare/images/0/06/RedRothchildLycurgusCup.jpg`, Aufgerufen am: 30.10.2012

[22] `http://www.nike.bam.de/de/nike_bilder/methoden_afm_1_415.jpg`, Aufgerufen am: 30.10.2012

[23] http://www.lehrer-online.de/dyn/pics/521724-522203-1-abb1_250x225.gif, Aufgerufen am: 30.10.2012

[24] http://www.hansaplast.de/~/media/Hansaplast/local/de/packshots/wound-care/HP_Soft%20mit%20Silber.png?mh=339&mw=452, Aufgerufen am: 30.10.2012

[25] http://www.magforce.de/typo3temp/GB/733b259b53.png, Aufgerufen am: 30.10.2012

[26] http://www.nanonewsnet.ru/files/users/u5/Elektrospinning.jpg, Aufgerufen am: 30.10.2012

[27] http://www.chempoint.cz/data/imgs/007051.jpg, Aufgerufen am: 30.10.2012

[28] http://cdn2.spiegel.de/images/image-176501-panoV9-iclr.jpg, Aufgerufen am: 30.10.2012

[29] http://www.swiss-perinatal-institute.com/images/stammzellen_2a.jpg, Aufgerufen am: 30.10.2012